专业发型
设计基础
入门教程

张 蓬——著

人民邮电出版社

北 京

图书在版编目（CIP）数据

专业发型设计基础入门教程 / 张蓬著. -- 北京：
人民邮电出版社，2019.1（2022.9重印）
ISBN 978-7-115-49562-4

Ⅰ．①专… Ⅱ．①张… Ⅲ．①发型－设计－教材
Ⅳ．①TS974.21

中国版本图书馆CIP数据核字(2018)第228283号

内 容 提 要

本书是专门针对造型师的专业编发入门图书，书中从最基础的扎发和拧发开始，通过对不同工具的详细介绍和使用演示，让读者在零基础的情况下也能轻松入门。同时，书中还通过详细的图解示范，由浅入深介绍了最基础的卷发、盘发和发夹造型、倒梳等基础技法。在完成基础入门的学习后，书中通过简易造型和复杂造型共20余种造型来提升读者编发技术水平。

本书适合美发培训学校师生、职业学校师生、美发师、化妆师、造型师阅读。

◆ 著　　　　张　蓬
责任编辑　李天骄
责任印制　周昇亮

◆ 人民邮电出版社出版发行　　北京市丰台区成寿寺路 11 号
邮编　100164　电子邮件　315@ptpress.com.cn
网址　http://www.ptpress.com.cn
北京九州迅驰传媒文化有限公司印刷

◆ 开本：787×1092　1/16
印张：11　　　　　　　2019 年 1 月第 1 版
字数：474 千字　　　　2022 年 9 月北京第 6 次印刷

定价：79.00 元

读者服务热线：(010) 81055296　印装质量热线：(010) 81055316
反盗版热线：(010) 81055315
广告经营许可证：京东市监广登字 20170147 号

目录
contents

4 第4章 复杂造型

第 1 章
基础知识

刷亮刷

用于将表面发丝刷亮的刷子，能够充分梳理每一缕头发，使表面光亮整洁。刷子的毛比较细密，因此不适合梳理过于干枯杂乱的头发。

梳理长发更轻松！

☐ 使整体的发丝更紧凑，表面更整洁

☐ 做准备工作时可作为工具，在使用定型剂时梳理到整个头发上

☐ 用刷亮刷整理，可使头发表面更有光泽

使用方法

用拇指和食指握住手柄，在梳理时更容易控制动态和角度，同时增强手部的稳定性。

实际修整发型

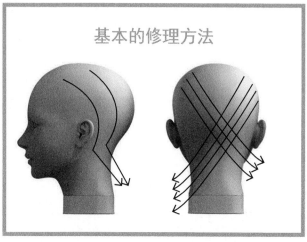

基本的修理方法

1 先用刷亮刷将杂乱的头发梳理整齐，轨迹由发际线向后脑扩散。

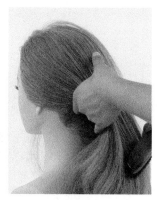

2 用左手固定头发的同时向下梳理至发梢，两侧以及耳后的部分用刷子尖端从鬓角上开始纵向梳理。

3 梳理脑后的发丝，可分成左右两区并从左侧开始，其间用左手辅助固定散发。

4 一边充分地将刷子的梳齿插入头发一边梳理，到颈部为止。到外侧时，半旋转刷子梳理发梢。最后，将侧发区和中间的头发合在一起刷亮。

鬃毛梳

鬃毛较多且长，能够充分地梳到发束的内侧。可用来进行日常梳理，特别是在吹造发型时使用，是发型师常用的工具。

调整头发走向。

☐ 修整表面，显出光泽

☐ 木质手柄，防静电，使发质不因造型梳理而受损

☐ 调整头发走向

使用方法

将拇指和食指作支点拿着梳齿下的手柄，在梳理时更容易翻转和调整角度。

实际修整发型

——基本的梳理方法——

1 将发束向后提拉，从发根向发梢梳理，用梳齿调整表面。从这样的基本动作开始。

2 将梳理好的头发用皮筋扎成一束。

——基本的梳理方法——

1 先用鬃毛梳将头发由发际线向后脑梳理整齐。

2 沿着头部轮廓，将头发梳转到脑后固定。

气垫梳

吹风和需要梳出头发光泽时使用，整理发卷的走向时也经常使用。

用于梳理头发或整理造型。

☐ 使秀发光滑柔顺

☐ 快速造型或拉直头发，防止头发纠结，使头发定型持久

☐ 具有防静电、护发养发的作用

使用方法

梳理时，为了稳定缓冲部分，握着梳齿的旁边使用。

11

实际修整发型

1 由前往后横向梳发，按摩头皮。

2 手掌捧着发束，梳齿更能顺开头发，加强服帖度。

3 将所有头发集中在手上，用气垫梳梳理表面。

4 先梳理较容易忽略、打结的头发内层。

5 接着换左右侧，横向梳发。

6 手掌捧着发束，用气垫梳梳理上方头发。

7 用气垫梳将发尾梳通。

8 接着是头发表面。将头发分束，一只手手掌捧着发束，梳理头发表面。

9 最后再由上往下梳理，按摩头皮

叉齿梳

有齿的一面用于梳理发束，反方向的叉可以做盘发、卷发等造型。

叉齿两用，卷发必备！

- ☐ 控制手指插不进去部分的发束
- ☐ 可以使造型更加自然、不造作，也可用于倒刮头发
- ☐ 在编发中给头发塑造卷发效果

使用方法

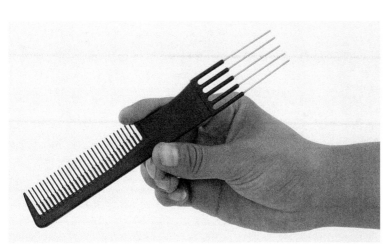

叉齿梳用大拇指和食指两个指头控制，随发型的需要翻动梳子，方便发型梳理。

实际修整发型

——基本的梳理方法——

1 使用叉齿梳的叉部将头发分层。

2 替头发分缝后,用手指将其打散。

3 重复上一步操作,另取一束头发打散。

4 用梳子将贴近头顶处的头发打毛。

——基本的梳理方法——

1 在带着卷的集中的发束上插入叉齿梳的粗齿。

2 将头发分层、分束进行整理。

3 分束后,就会很容易制造卷发。

4 将分取的发束用梳子末端梳理,一边保持束感,一边整理发卷。

5 完成手推波纹造型。

滚梳

滚梳可以用来打理缠结的头发,也可用于打造发型,与吹风机结合使用,可以打造较为蓬松的秀发效果。

吹波浪专用!

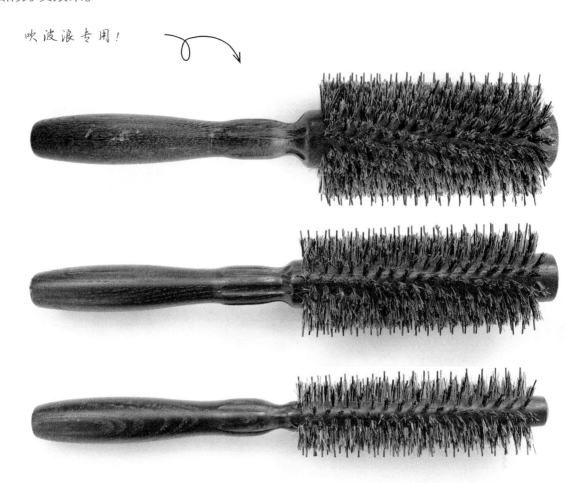

使用方法

□ 滚梳可以令秀发更有光泽

□ 能减少静电,有效减少脱发,促进头皮血液循环,让秀发更健康

□ 能更好地梳掉头发毛上的鳞片灰尘,让头发更洁净

用手握住手柄,在梳理时食指和大拇指控制动态和角度,同时无名指和小拇指增强手部的稳定性。

实际修整发型

1 滚梳在发片的下面进梳，吹风机在发片上面加热。

2 带紧张力，吹风口配合滚梳将发尾送至内侧。

3 转动滚梳，从发干卷到发尾。根据需要的卷度调整发卷的圈数与滚梳的角度。

4 然后将滚梳放在刘海发根位置，边向上梳边用吹风机吹头发。

5 滚梳梳到发尾位置，然后往外卷头发刘海，并从发尾慢慢往发根位置卷动。

6 滚梳从发片的左侧进梳，吹风机在发片右侧加热。

7 将滚梳向外卷头发刘海，直至发尾。基本将头发卷好后，改用冷风定型。

8 最后用手和滚梳调整发卷。

9 发卷完成后的状态。

排骨梳

排骨梳的梳齿比较疏，可以帮助提升发根，让发型更蓬松。能帮助梳理打结的头发，而且由于梳齿不太密集，梳头后湿发也干得比较快。

梳理长发更轻松！

☐ 能按摩头皮，用起来比较柔和

☐ 在吹造型的时候，排骨梳还可以帮助提升发根，让发型更蓬松

☐ 梳子不会带走发丝的自然油脂，能有效减少毛糙

使用方法

用拇指和食指夹住支柱，用剩下的手指抓住柄的部分。

实际修整发型

1 从发根开始用排骨梳将刘海抬起，从下面贴上热风，制作立起的头发。

2 一边抬起梳子，一边用热风制作出弯曲感。

3 再次从发根放入梳子，一边贴上热风一边向相反方向制作卷发。

4 从前刘海的里侧放入梳子，向后旋转做卷，增加发梢圆度。

5 重复以上步骤，对左侧头发进行吹卷。

6 从发根开始，使其弯曲的同时控制梳子吹风，使发型更加自然。

一字夹

一字夹多由金属制成，因此有很好的支撑力与固定力。缺点是，时间长了会松，或因掉漆而拉扯头发。

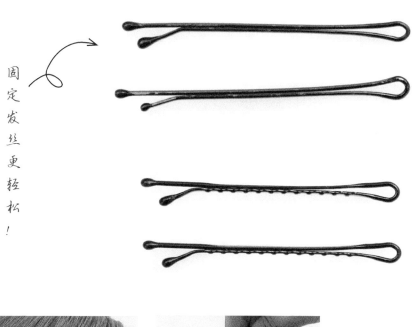

固定发丝更轻松！

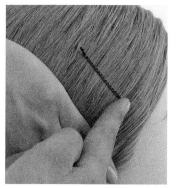

☐ 用于固定发包、发卷或发片等造型

☐ 闭口的夹子，即使用于发梢，也能和头发融合而不显眼

☐ 固定更少量的发束，以及做了卷的发梢时使用

使用方法

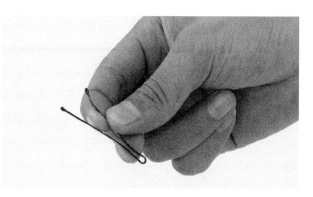

大拇指和食指捏住一字夹，用食指将一字夹上下分开，隐藏在头发中固定造型。

实际修整发型

——基本的修整方法——

 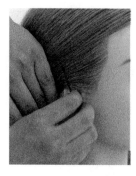 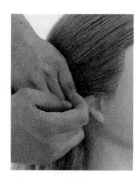

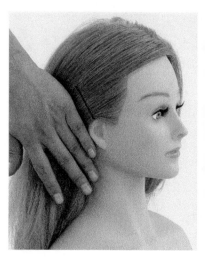

1 整理表面的头发流向，用左手按压，右手持一字夹夹住发束后，向里推进固定。

2 贴近头皮固定，很大程度上固定了耳侧头发，不会松散。

——基本的修整方法——

1 将左前侧发区的发束扭向内侧。

2 用长的一端的发针，在扭过的发束外侧和紧贴头皮的位置插入一字夹。

3 将外侧的头发夹起、按压住，能够固定住整个发束。

4 一边将发束的外侧轻轻抬起，一边控制角度插入。

5 对固定好的发束进行整理，隐藏一字夹。

U 形夹

U 形夹能将大量的发束夹住，但是由于在没有基础的地方很难固定，所以要制作出头发的基础后再进行固定。

固定发束更轻松！

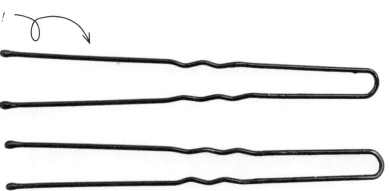

☐ 可用于发际等集中的发束中心的固定

☐ 用于造型纹理的调整，主要固定在松散的头发上

☐ 能够自由地弯曲或者扩张

使用方法

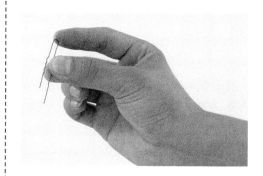

用中指和拇指，从中间开始拿起。用食指在 U 字形弯曲处按住，插入夹子。

实际修整发型

——基本的修理方法——

1 将 U 形夹插入卷好的发束中，沿发束四周进行固定。

2 整理发束，隐藏 U 形夹痕迹。

1 将U形夹插入在头顶区扭成一束的发束中。

2 食指按住U形夹顶部，向内推进。

3 重复前两个步骤，在发型松散处插入U形夹，直到发夹被发束隐藏。

4 一边插入U形夹进行固定，一边整理发束，隐藏发夹。

5 将发束的表面用U形夹牢牢固定住。

6 沿头发流向用U形夹进行固定。

7 在螺旋的发束侧面纵向插入U形夹。

8 最后将U形夹隐藏起来。

小尖嘴夹

固定整理好的发束，或为了显出蓬松感而临时压住发根时使用。

大尖嘴夹

如图所示，选择夹子内侧没有防滑齿的类型。制作由曲面构成的发型时，能够在表面不留痕迹地固定发束。

使用案例

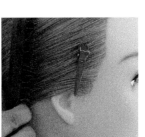

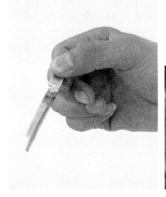

使用案例

双叉夹

可以将头发好好压住，也可以在使头发立起来时使用。

橡皮筋

扎一股辫或集中头发时使用，不是圆圈的使用起来更加方便，长度在 25~26 厘米范围内的比较好用。

使用案例

使用案例

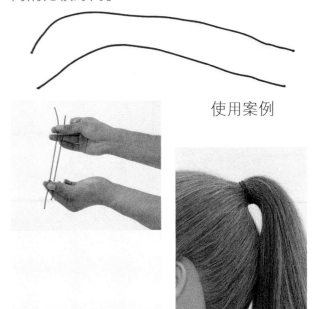

吹风机

主要用于吹干头发，或将头发吹成直发、卷发，方便进行进一步的造型。

使用案例

卷发筒

这种发卷可以对头发有一定的塑形能力，但是维持的时间较短，且不易形成明显的卷，因此只适合对刘海等局部进行造型。

使用案例

将整理好的发束绑在发卷上，发卷上的魔术粘可以固定住发丝，但是要注意单个卷上的发量不宜过多。

电卷棒

与发卷起到的作用是类似的，但是电卷棒的效果明显要好于普通发卷，可以加工更多发量、更长发束，保持时间长，且能起到显著效果。

使用方法

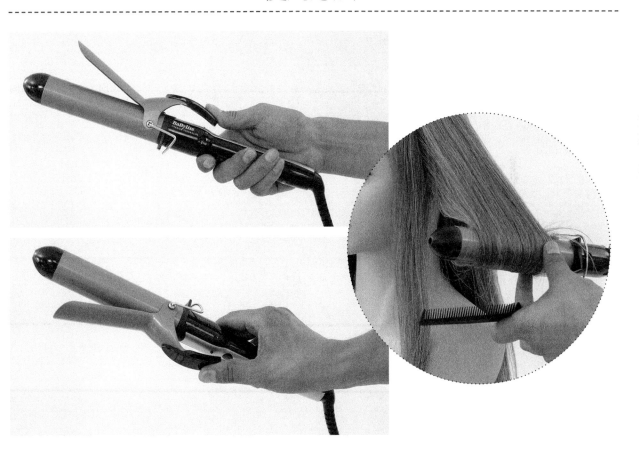

通电并达到一定温度后，将发束卷在电卷棒上，维持几秒钟后散开发束即可。注意温度不宜过高，一次加工的发量不能太少。最重要的是，不能停留过长时间，以免对头发产生损害。

实际修整发型

1 保留贴近面部线条的两侧头发，对耳侧发束进行梳理。

2 用已经预热好的电卷棒将正在梳理的发束夹住。

3 从中间开始夹住，一边旋转电卷棒，一边将头发卷进去，卷至发梢。

4 将电卷棒向内卷至耳朵上方，随后将电卷棒慢慢向下松开。

5 松至发梢时，将电卷棒收起来。

6 卷好的发束效果。

7 将面部预留的头发向相反方向卷，做成向外侧卷起的走向。

8 一边移动电卷棒，一边将发束缠在电卷棒上，卷到发根为止。

9 将卷发棒再往下拉，发尾也卷进去，再往内卷大约5秒就可以放开了。

10 放下卷发棒，发束呈现上图中的卷发效果。

11 依次取头顶处的一束头发进行梳理，从距离发根1/3处用电卷棒夹住，往发尾拉。

12 当卷发棒快接近发尾的时候，用手将发尾往内绕一圈。

13 拉到前边，从靠近发根处开始夹进卷发棒里。

14 卷了5秒之后，就可以将卷发棒稍稍打开了，然后垂直往下拉。

15 用手从发梢处轻轻将发卷调整到合适角度。

16 重复以上操作，一边梳理发束，一边用电卷棒夹住发束。

17 将卷发棒先滑到发尾，然后用卷发棒一直往内卷，把发束卷至发根处。大概 5 秒之后，就可以将卷发棒打开了。

18 最后完成的卷发效果图。

——基本的修整方法——

1 将手指插入发束中，将发束分开，到发梢为止，改变发束现有的状态。

2 用手指将发束打散，增加发束的层次感，同时移动头发，制造轻飘感。

1 用气垫梳整理发卷的形状。将发梢弄圆并梳理。

 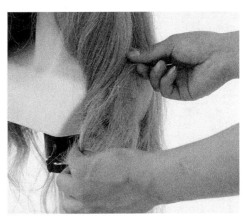

2 对发卷间的连接处进行拉扯,改变发梢和卷的形状。

3 最后整体的波浪效果。

——基本的修整方法——

1 制作面部周围的纵向卷时，纵向取一片头发，用梳子梳理。在距离发根 1/3 处放入电卷棒。

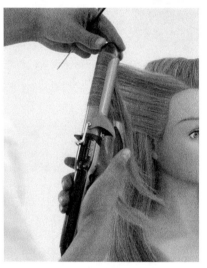

2 先将电卷棒滑到发尾，然后用它一直往内卷，把发束都卷起来。

3 将电卷棒再往下拉，发尾也卷进去，大约 5 秒之后放开。

4 松开电卷棒后的发卷效果。

5 取旁边的发束梳理后,用电卷棒进行卷发。

6 将电卷棒往内斜卷,直至自己想要的高度。然后卷曲头发并不断拉扯卷发棒,直至发尾。

7 放下电卷棒,发束呈现图中的卷发效果。

8 取正额前的发束进行梳理,用电卷棒进行烫卷。

9 向内卷至发根位置。

10 将电卷棒一点一点地往下边移动,保持卷的形状。

11 取前刘海，用电卷棒将发束纵向拉伸。

12 一边夹一边卷，卷至发根处时松开把手，把电卷棒轻轻拿出来。

——基本的修整方法——

1 用气垫梳梳理发卷，控制卷的形状。

2 一边用气垫梳旋转发束，一边梳理，直到发梢。

3 用鬃毛梳的梳尾分区发梢部分，制作卷。

4 将发束进一步散开整理。

1 将侧发区分区，取一个发片，用梳子横向梳理。

2 将电卷棒从中间开始卷，直至发梢，做成内卷。

3 用左手按压住电卷棒的末端，移动电卷棒，将发束卷进去。

4 降低抬起发束的角度，卷到发根为止。

5 在耳侧稍微向下的位置放松发束。

6 卷好后的发卷形态与未烫卷时的对比。

7 下一个发片也以同样步骤，从发梢开始在内侧卷，做横卷。

8 用电卷棒卷到接近发根处，增加发卷层次感。

1 将侧发区分区，从右侧发区取一束发束，用梳子横向整理，从发束的中间夹入电卷棒。

2 用中指与食指将发束弄平整，将电卷棒的夹子向外，然后从发尾将发束夹住，用手指拿着发梢卷进烫发棒，将发束卷入内侧。

3 用手指将发束缠至发梢，旋转电卷棒，盖上盖子，向发梢方向卷入。

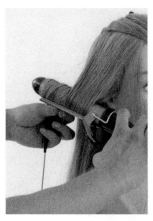

4 一边放松盖子一边使其滑动，卷入到发梢为止，盖紧烫发棒盖子，固定5秒左右。

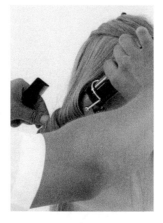

5 用左手按压住烫发棒末端，然后松开头发和电卷棒的把手，把卷发器拿出来。

6 取头顶发区的发束，从发束的中间部分开始，用电卷棒卷烫，左手将发束缠绕到电卷棒上。

7 电卷棒的方向呈纵向，向发梢方向卷入，将卷变成向正前方的卷。

第 2 章
基础造型技巧

扎发
拧发
用发夹造型
倒梳
用手指造型

扎发

低马尾扎发

将发丝束于脑后、使马尾下垂可彰显女性特有的优雅感。发丝整洁光亮、发尾柔顺是这个发型的特点。

刷亮刷

橡皮筋

尖尾梳

- -

造型图解

- -

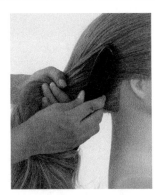

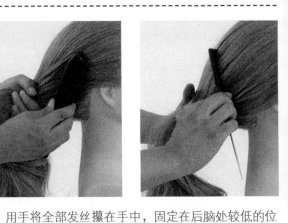

1 先用刷亮刷将杂乱的头发梳理整齐,轨迹由发际线向后脑扩散。

2 用手将全部发丝攥在手中,固定在后脑处较低的位置,换用尖尾梳在头发的表面细致梳理。

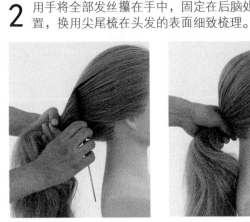

3 继续用尖尾梳梳理头发的表面。

4 单手握住头发,梳理两侧的头发。马尾部分的表面也要整理。

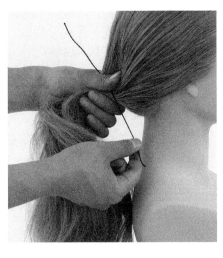

5 然后用橡皮筋在根部进行缠绕。

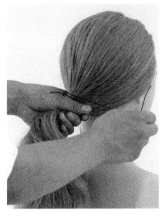

6 左手固定发束，右手将皮筋绕在发束上。注意缠橡皮筋的时候，头发不要移位。先缠一圈。

7 缠绕后打结。用刀片割去多余的部分，即可完成造型。

高马尾扎发

简单利落的发型看起来很有精神。发型更显清爽灵动。

刷亮刷

橡皮筋

尖尾梳

造型图解

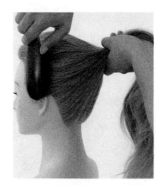

1 先用刷亮刷将头发梳理整齐，将全体头发在脑后整理成一束。

2 用手将全部发丝攥在手中，固定在后脑处。在后脑偏上位置，用刷亮刷在头发的表面梳理。

3 换用尖尾梳对头发表面进行细致梳理。

4 用皮筋缠住，将皮筋打结。

偏马尾扎发

干净的发际与两鬓，显得格外清新靓丽。发辫的顺滑垂感，让人感到非常舒心。

刷亮刷

橡皮筋

尖尾梳

造型图解

1 用刷亮刷将杂乱的头发梳理整齐，发束按照流向在后脑右侧集中。

2 继续用刷亮刷在头发的表面细致梳理，用左手固定发束。

3 然后用橡皮筋在根部进行缠绕。先缠 1 圈，再缠 1 圈，第 3 圈的位置要比第 2 圈靠近根部。缠 3 圈后，打一个结。

半扎发

半扎发是除了马尾辫发型之外最常见的发型,清爽又漂亮,发型更加自然灵动。

鬃景刷 | 橡皮筋 | 尖尾梳

造型图解

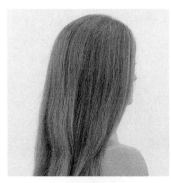

1 先用尖尾梳将头发在脑后集中梳理整齐。

2 用尖尾梳尾部由右向左沿耳侧挑取头发,并对剩余头发进行细致梳理。

3 在脑后用尖尾梳由上往下梳理发束。

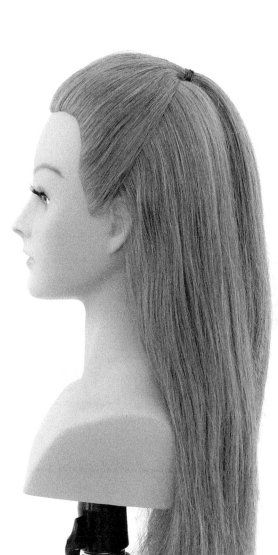

4 用橡皮筋在发束根部进行缠绕。

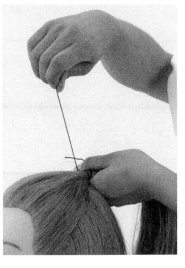 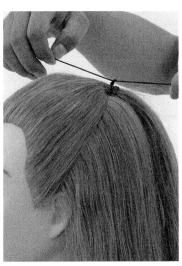

5 缠绕结束后，打一个结。

2.2

拧发

单侧拧发 1

长发自然梳理在两侧，发顶采用中分的造型，造型简单好看又百搭。

刷亮刷

一字夹

尖尾梳

造型图解

1 将头发用刷亮刷梳理柔顺，换尖尾梳将头发左右分成两部分发区，从左侧发区耳侧取一束头发，用尖尾梳尾部进行拧转。

2 拧转到发束的一半即可。然后将尖尾梳尾部慢慢抽出，调整拧发。

3 把拧紧的发束从左到右沿头顶弧度放置、用一字夹固定。

4 卡子要插到接近头皮的位置，插入第 2 个一字夹。

5 把所有的头发都梳理整齐。遇到打结的地方，需要使用梳子轻轻地把它们梳开，不要用力过大，以免拉伤头发。

6 最后效果图。

单侧拧发 2

将头发三七分区，将刘海部分拧转，固定在耳后，头发自然垂落，整个造型看起来简单别致。

 刷亮刷
 一字夹
 尖尾梳

造型图解

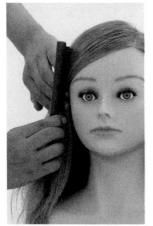
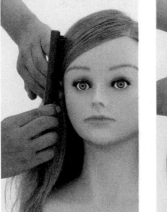

1 在眉峰的位置使用鬃毛梳将头发分成偏分的两侧。将头发梳理整齐。

2 用手取侧发区的头发，向右开始拧转。

3 一边拧发，一边从侧发区均匀地取一束头发进行加发。

4 用尖尾梳尾部整理加发过程中产生的杂乱头发。

5 将加发拧至耳后，用一字夹插入拧发中进行固定，并隐藏发夹痕迹。

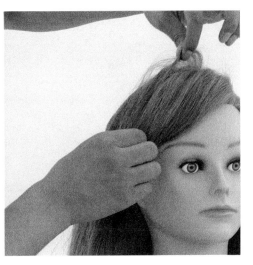

6 将刘海表面的头发用手指打散。

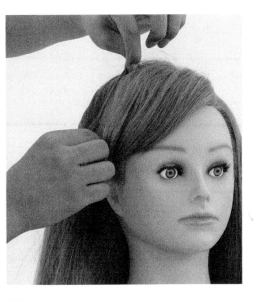

7 最后调整造型，完成编发。

45

单侧拧发 3

将侧发区的发丝拧转后，束于头顶分界线处。发丝柔顺整洁。

刷亮刷

一字夹

尖尾梳

- -

造型图解

- -

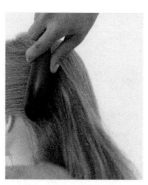

1 用刷亮刷将杂乱的头发梳理整齐。

2 取耳侧一股发束，用尖尾梳对发丝进行细致的梳理。

3 从左侧发区抓出一小束头发，然后用拧转的方式将头发扭转。拧至头顶处，用一字夹固定。

4 在发夹固定处将发束对折，并于发梢刚及耳朵上方用发夹固定，并隐藏发夹。

5 对固定好的发梢部分进行调整造型。

6 调整发梢的同时，也要注意整体造型效果。

全头拧发

将全部发束沿头部轮廓进行拧发，发丝整洁柔顺而具有光泽。

叉齿梳

U形夹

尖尾梳

造型图解

1 头发梳好之后，先取出侧发区的一束头发，把发股抓紧，从左至右旋扭。

2 一边拧发，一边从下方的头发中加入头发，一起拧转。

3 左手捏住编好的头发，要紧贴头部，不要抬得太高。加的头发松紧度要相同。

4 编到右侧，把右边耳朵上方的头发都加到后边来，保留刘海。

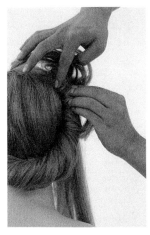

5 用U形夹将发梢与四周的头发固定，并将U形夹隐藏在发束中。

6 将刘海发区的头发用尖尾梳梳理整齐。覆盖在拧发发梢处进行拧转后，用U形夹固定。

7 最后，用叉齿梳将发梢部分的发束扩散，整理发束流向，完成造型。

2.3

用发夹造型

全头拧发

以单马尾为基础进行拧发，将发束固定成一个发髻，整体造型优雅简单。

U 形夹

一字夹

尖尾梳

- -

造型图解

- -

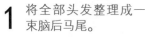

1 将全部头发整理成一束脑后马尾。

2 从马尾处开始，取出一束头发，一边进行拧发，一边用 U 形夹对发束进行打散。

3 以相同的手法取出一束头发，一边进行拧发，一边用 U 形夹对发束进行打散。

4 将整个马尾的发束一边拧一边盘，盘发的时候用 U 形夹固定。盘至发尾后，用 U 形夹固定并隐藏好。

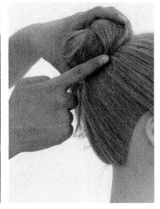

5 将盘好的发髻用 U 形夹固定底部，持 U 形夹竖直插入发髻边缘固定。

6 多用几个发夹固定，并将 U 形夹隐藏。

7 对发梢稍作整理，编发完成。

单侧拧发 1

将发丝束于脑后、使马尾下垂，可彰显出女性特有的优雅。发丝整洁光亮、发尾柔顺是这个发型的特点。

大尖嘴夹

一字夹

尖尾梳

造型图解

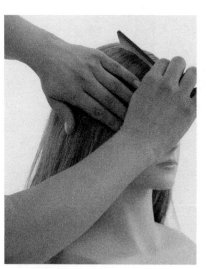

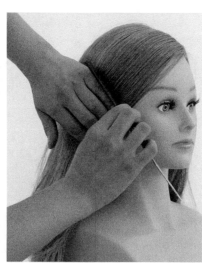

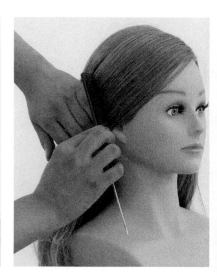

1 先用尖尾梳将杂乱的头发梳理整齐，轨迹由发际线向后脑扩散。

  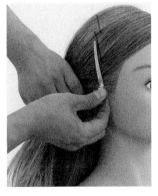

2 用手将全部发丝攥在手中，固定在后脑，再换用尖尾梳在头发的表面细致梳理。

3 先用尖尾梳将杂乱的头发梳理整齐，轨迹由发际线向后脑扩散。

4 先用尖尾梳将杂乱的头发梳理整齐，轨迹是由发际线向后脑扩散。

5 先用尖尾梳将杂乱的头发梳理整齐，轨迹是由发际线向后脑扩散。

53

单侧拧发 2

这款发型整体上带有蓬松感，发型有微卷弧度，易打理，编制过程简单。

大尖嘴夹

一字夹

尖尾梳

造型图解

1 用尖尾梳将杂乱的头发梳理整齐，将发区二八分。

2 右侧耳朵上方用一字夹紧贴头皮固定，发根处用大尖嘴夹夹住。

3 用左手将发束抬起，进行扭转。

4 将取出的一束头发在一字夹位置边旋转边拧发束，用一字夹固定。

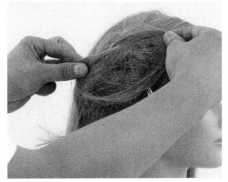

5 用手对固定的发束发梢进行扯发。

6 一边扯发，一边整理出造型。

7 最后调整造型。

三股辫

将三股辫与低马尾完美结合在一起，完成后，散发的那种简约优雅的味道让人心动不已。

橡皮筋

一字夹

尖尾梳

造型图解

三股辫编法

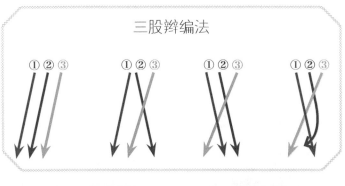

1 将头发二八分，然后梳直梳顺，取左侧发区的头发，将其均匀地分为三股。

2 用第三股头发压住第二股头发，用第一股头发压住第三股头发；而后将第二股头发穿插入第一股和第三股头发的缝隙中，然后用第一股头发穿插入第三股头发与第二股头发之间的缝隙中。反复这一穿插过程。

3 左手捏住编好的头发，右手用尖尾梳进行刮发，并用橡皮筋将发尾扎住。

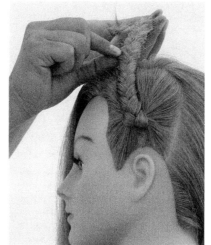

4 拉头发的时候，捏住少量的发丝，速度要慢。

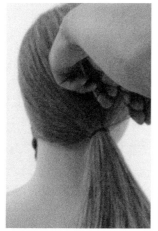

5 用尖尾梳对其余发丝进行梳理，并在脑后偏右处用橡皮筋固定。

6 使用尖尾梳对刘海表面进行细致梳理，并调整刘海弧度。

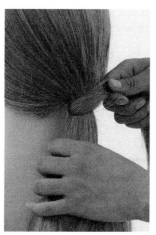

7 从马尾中取一股发束，像橡皮筋一样把脑后的头发缠绕起来。发尾处用一字夹固定，并隐藏发夹。

8 将左侧编好的三股辫沿头顶，用一字夹进行固定。发梢用一字夹插入，固定在马尾发束中，隐藏发夹痕迹。

9 随后用尖尾梳从发尾开始，逆梳打毛。

10 最后调整造型。

两股辫拉发

长发在脑后编两股辫进行拉发、在一侧扎马尾的造型，更显清新甜美。

橡皮筋

一字夹

尖尾梳

造型图解

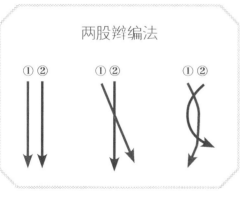

两股辫编法

1 先用尖尾梳将杂乱的头发梳理整齐，预留出左侧的侧发区，将其余发丝用橡皮筋固定在右颈侧。

2 将手中的发束均匀分为两束，进行两股辫的编制。

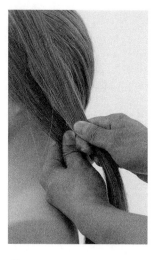  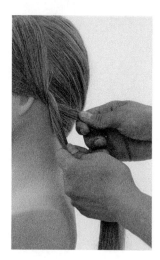 

3 取左侧前额的两股头发进行拧发，注意力度适中，不要太松也不要太紧。

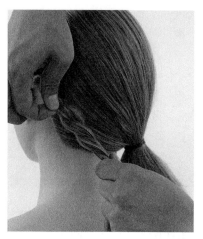  

4 一边拧发，一边分段进行拉发。

5 拧至发尾处时，用尖尾梳从发尾开始逆梳打毛。

6 将拧好的发辫沿着颈后，一边用一字夹固定，一边将其缠绕固定在马尾上。

三股辫加发

利用三股辫加发的编法来打造侧编发，造型流畅自然，又能提升优雅气质。

橡皮筋

一字夹

尖尾梳

造型图解

三股辫加发编法

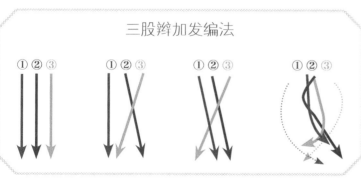

1 将头顶部分头发分区，取头顶的一股发束，向脑后拉伸。

2 用手指指缝把它均匀分成三股，开始编三股辫。

3 编一段三股辫后，开始从头顶的位置取头发做加发。

 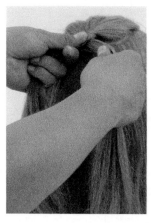  

4 一边做加发，一边整理细碎的乱发。加的头发粗细要均匀。

5 重复上一步骤，继续进行加发。

6 左侧耳后预留一束头发，用大尖嘴夹暂时固定。左手捏住编好的头发，要紧贴头部，不要抬太高，用橡皮筋固定。

 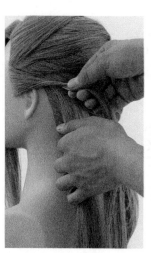  

7 取左侧预留发丝的一小股进行拧发，一边拧发一边进行加发，拧至扎好的马尾处。

8 用一字夹将拧好的发束固定在马尾上，一边固定一边隐藏发夹痕迹。

9 整理发梢，将发束打散；捏住少量的发丝，对发辫进行拉发。

10 用尖尾梳梳理刘海，并用尖尾梳尾部打造弧形刘海。

刘海三股辫

这是一款斜式的用刘海编起来的头发，显得更有气质。
这是一款简单好看的编发。

橡皮筋

U形夹

尖尾梳

造型图解

1 先把头发梳理好，将头发二八分区。把头顶上面一边的头发抓起来，把发束分为三小股，开始编刘海三股辫。

2 从头顶处抓取一束头发，加入到离头顶最近的那束发辫中。

64

3 头发一直沿着头型去编发。一直向后面编，编到下半部分的时候，就可以把后面的头发都编成一个三股辫的发型了。编至发梢处，用橡皮筋固定。

4 拉住发辫的外缘部分发丝，向外拉，拉出蓬松感。

5 另一边的头发也是采用相同的方法进行处理。取左侧发区的三小股发束，开始进行编发处理。

6 在编发的过程中要加入新的发束，头发加发编到耳朵的后方后，改编三股辫。

7 编至发梢处，用尖尾梳将剩余的散发梳理到右肩前侧。

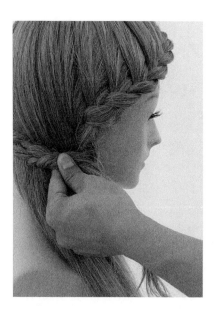 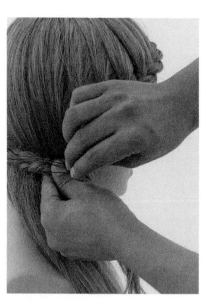 

8 然后将三股辫缠绕到右侧三股辫上，用一个U形发卡固定。

9 将右侧发辫向后拉伸，用U形夹与左侧发辫固定在一起。

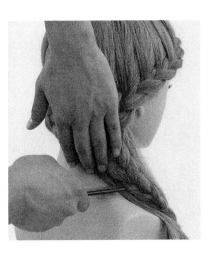

10 用尖尾梳将发夹固定位置以下的三股辫拆散。进行细致的梳理后，用手将发束均匀地分成三股。

11 将发束编成三股辫子，发梢处用橡皮筋固定。

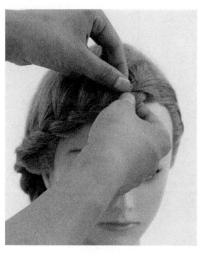

12 对头顶上方的发辫进行拉松操作，使头发整体呈现蓬松的效果。

13 用一只手拉住三股辫，另外一只手拉伸头顶发束。

14 一只手固定住发辫，另一只手对发辫进行拉发操作。越靠近发梢，拉发的时候越要小心。

15 最后就是调整整个造型。

2.4

倒梳

倒梳 1

用梳子逆着梳头发，从发尖梳到发根，打造蓬松感强、发量丰厚、体积感十足的发型。

鸭嘴夹

一字夹

尖尾梳

- -

造型图解

- -

1 留出刘海和两边的侧发区，将后方的所有头发都集中在一起，拧卷旋转。留出发梢，用一字夹固定。

2 固定后的发型效果图。

3 把一小缕头发抓在手里。抓住发尾，往上提起拉紧，把尖尾梳放在发根和手的中间部位，朝头皮梳下去。

4 一直重复这样的动作，直到这个发区的底部有一个发垫。

5 倒梳完成后的效果展示。

6 取侧发区的一束头发向脑后拉伸，用尖尾梳进行倒梳。

7 重复同样的动作，直到有了你想要的发量。

倒梳 2

凸显体积感盘发造型，显得活泼可爱。发丝顺滑，
达到较理想的造型效果。

大尖嘴夹 + 双叉夹

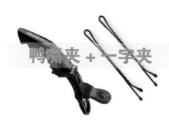

鸭嘴夹 + 一字夹

尖尾梳 + 鬃毛梳

造型图解

1 选一股头发往后梳，往上提起，
拉紧。

2 由发梢向发根部平推，每次插入梳齿的距离相等。

3 用比较密的梳子把头发分成一片一片的，对头发进行倒梳打毛，用倒梳的手法使发梢蓬松。

4 用尖尾梳对倒梳发束的表面进行梳理。

5 接着，抓起头顶部分的头发，将其倒梳，抓至蓬松。

6 再抓起头顶部分的头发将其倒梳，抓至蓬松。

7 取第四束发片进行倒梳。

8 用梳子把左侧发区的头发梳顺。把梳子放在发根处，轻轻地梳头部两侧的头发，将表面梳光滑。

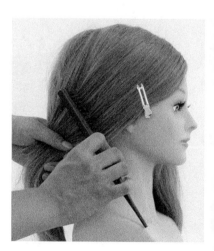

9 再将其向侧边整理好，用双叉夹固定住。

10 用手将右侧发丝攥在手中，一边用包发梳梳理发丝，一边用双叉夹将其固定在后脑处。

11 左侧发束同上一步的操作，一边用双叉夹固定，一边用梳子梳理。

12 对脑后的发束进行梳理，用梳子尾部抵住右侧发束，向内扭成一束。

13 梳理发梢并全部束起拧卷，把两侧和后方的所有头发都集中在一起拧卷旋转。

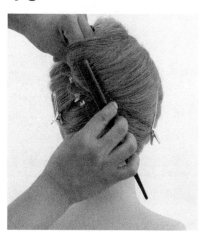  

14 用包发梳将发束表面梳理柔顺，用一字夹固定发束。

用手指造型

拉扯造型

把发束表面轻轻地拽松散些。主要是为了让头顶部分的头发呈现出一种蓬松的空气感，打造自然轻松的感觉。

造型图解

1 手从内侧插入，从发束中取一束头发。

2 将发束向外拧转，用手指轻轻地揪开并弄散。

3 另取一束发丝，把头发向前拧，对拧好部分进行拉扯。

4 用手指将发束打理松散

5 将固定好的发束用指尖打散。

6 另取一束发丝，把头发向前拧，对拧好部分进行拉扯。其他发束也同样，对发丝进行拉扯。

7 将刘海发丝弄得松散一些会别有韵味。

8 最后，整理造型。

刘海造型 1

偏分刘海不仅能修饰脸型，还十分显气质，搭配披肩中长发很是好看。

造型图解

1 将头发左右分区。取右侧发区的发束。

2 用叉齿梳将发束向脸的方向缠绕。

3 接着用手固定发束上部，用梳子向内卷，让刘海更有立体感。

4 另取一束发束进行叉齿梳制卷，并梳理发束表面，使发卷更显整洁。

5 用手指将刘海与分发向相反方向拨，制造蓬松感。

6 将发尾用叉齿梳打散，使其看起来更加自然。

7 一边使用叉齿梳制造卷发，一边用手指打散刘海，让刘海更有立体感。

8 最后，用手将刘海抓蓬松。

刘海造型 2

使用手指将刘海打卷，使其整体上显得自然饱满，发丝有光泽，显示出发束感和动态。

造型图解

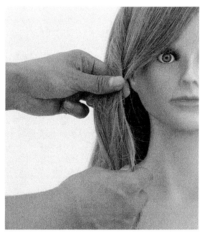

1 先把头发梳理好，取刘海的发束，用手将发束向内卷。

2 用手指从做好的发型中抽出部分头发，制造起伏。

3 继续用手捋头发，
把头发向内扣。

4 用手指将发束打散，增加发束的层次感，对发卷间的连接进行拉扯。

5 刘海用手轻轻向前抓，将后面头发稍微往前拉，让造型看起来更加蓬松。

6 继续对发束进行拉扯。要注意的是，卷曲弧度比中间刘海要小一些。

7 用另一只手的手指向上轻轻地抨头发下端，提升脸侧头发的体积感。

8 将刘海打理出圆柱形卷发的样式。

拉发刘海造型

使用尖尾梳对分区刘海进行倒梳打毛，让发型展现出
柔和、自然的感觉。

尖尾梳

造型图解

1 用尖尾梳梳理头发，用梳子尖部轻轻滑动头皮，将头发二八分区。从刘海发区取一束头发，随后用尖尾梳从
发尾开始逆梳打毛。

2 将发束从发根向发梢梳理。梳理出一些逆向立起来的头发。

3 用梳子从发梢向发根梳理，将头发打散，发卷就出来了。

4 在刘海发区拉出一片头发。对发根部分逆向梳理，使一些头发立起来。

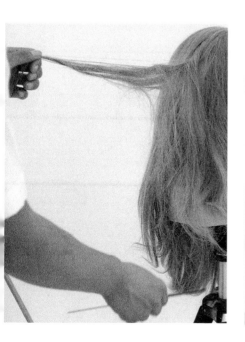

5 向前取发片，在发根部分逆向梳理出倒立的毛发，然后放下来。

6 然后用梳子将头发打散，将表面整理好。

7 对头顶发片的发根，也逆向梳理出倒立的毛发。

8 最后整理造型，进行拉发调整。

第3章
简易造型

3.1

低侧边扎发

将头发分为两个发区，做个马尾，扎在左边。用另一束头发绕过来，盖住发圈，固定。与头发的贴合度非常高，外表看起来纤长美丽。

尖尾梳 + 刷亮刷

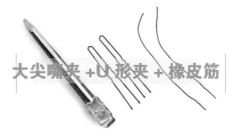

大尖嘴夹 + U 形夹 + 橡皮筋

电卷棒

造型图解

1 先用尖尾梳将杂乱的头发梳理整齐。

2 把头发斜着从右耳上方至左耳下方分成两层。

  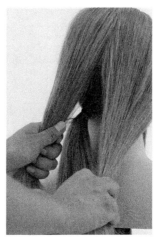 

3 用刷亮刷将头顶区域梳好，把发束均匀地分成两股。

 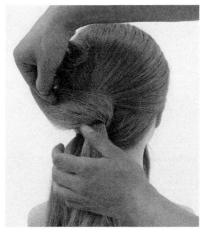 

4 将发束围着左手发束根部缠绕，绕至发梢后，用波浪夹固定。

   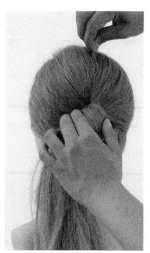

5 一边整理，一边用波浪夹固定。

6 用手指将头顶的发丝打散。

7 梳理左耳下方的马尾。

8 取一股发束，用已经预热好的电卷棒向内卷，直至发根，随后将电卷棒慢慢向下松开。

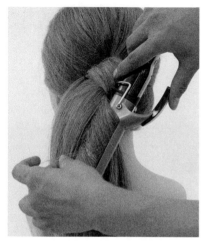 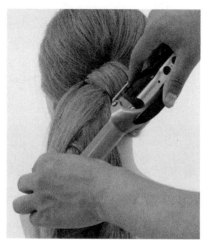 

9 重复以上步骤，依次对脑后发束进行烫卷。

10 用手指将发束打散，增加发束的层次感，同时移动头发，制造轻飘感。

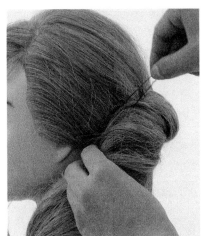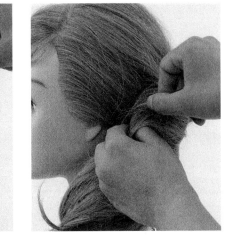

11 对发卷间的连接、发梢和发卷的形状进行拉扯。

12 一边扯发，一边做造型，用U形夹固定发束。

13 用尖尾梳将刘海梳理整齐。

14 将刘海发梢用U形夹固定在脑后；最后用尖尾梳尾部打造弧形刘海。

将简单的中长发拧转后盘成侧边花苞，用厚刘海与位置较低的盘发做出清爽利落的造型。

卷发筒

尖尾梳 + 刷亮刷

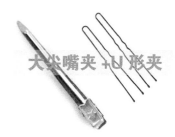

大尖嘴夹 +U 形夹

10 分钟以内的简单定型

耳后区头发根据发量上下平行分两区，做内扣的平卷。上层卷到发中高度，下层卷到发根处。

剩下的头发以耳朵为标准分成三部分，耳前的部分与地面呈 45 度斜角，做纵内卷。

拆掉卷发器后，用手指做出自己想要的发型。

造型图解

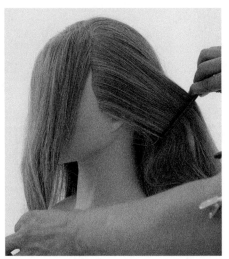

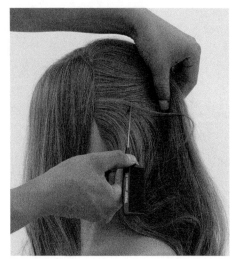

1 先用梳子将头发梳顺。以耳朵前上方和头顶黄金点的连线为界，将头发前后分开。

2 在侧发区取一小束发丝，用橡皮筋固定，作为头发据点，将脑后的头发向马尾处梳理。

3 翻转手腕，将手中的发束拧转一圈，紧贴在马尾结点处。

4 在拧着的部分插入 U形夹固定。

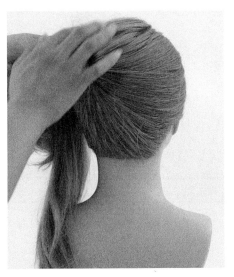 

5 将卡子往里插，深 度接近头皮。

6 握住刘海发束，将刷 亮刷的鬃毛紧贴在头 发上梳理。

7 将发束整体向后脑区梳理，到鬓角为止。

8 用大尖嘴夹固定住头 发，使其保持形状、 不走样。

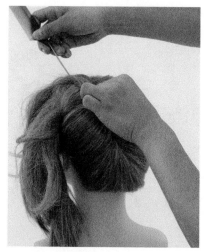

9 用尖尾梳尾部将脑后拧转发束时散落的发丝隐藏进发束中。

10 然后用U形夹固定住发束。

11 再取一根U形夹，置于发束的左侧面。

12 一边调整发梢使卷散开，一边用U形夹将按住的部分固定在发根上。可以使用两根U形夹重叠起来固定，以便更加牢固，不松散。

侧边
拧发卷发

通过拧转营造立体感，同时还
能隐藏固定头发的发卡，使整
体造型更加有个性和特色。

扫一扫 看视频

 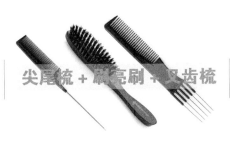

尖尾梳 + 刷亮刷 + 叉齿梳

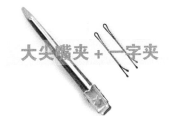

大尖嘴夹 + 一字夹

10 分钟以内的简单定型

耳后区头发根据发量上下平行分两区，做内扣的平卷，上层卷做到发
中高度，下层卷只做发尾弧度一圈。

完成效果图。

101

造型图解

1 梳理前额区，将发束整体向后脑区梳理。用大尖嘴夹固定住头发，使其保持形状、不走样。

2 取左侧发区的发束，向前方笔直地提拉并进行梳理。

3 向斜上方进行梳理，左手握住发束，右手梳理，直到发梢为止。手腕旋转，将发束从下向上扭，将发束在头顶处用一字夹固定住。

4 继续用一字夹固定发束，并整理余下的发束。

 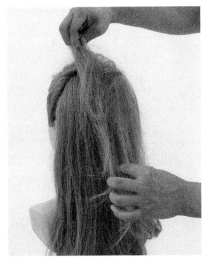 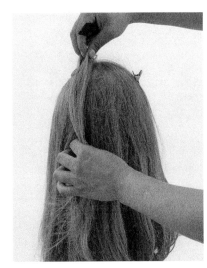

5 用手指将固定的发束发梢打散，使其稍显蓬松。

6 用手指依次对脑后的发束进行打散。

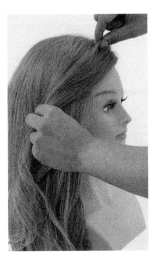  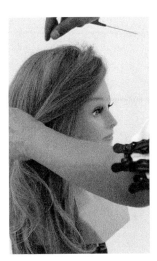 

7 左手固定住刘海发束，用右手手指将头发轻轻拉出、打散。

8 用刷亮刷将杂乱的头发梳理整齐，用定型喷雾进行定型。

9 捏住左侧的发束向外抽，制造慵懒的感觉。

10 使用叉齿梳给刘海制造卷发。

11 最后整理刘海
和整体。

3.4

头顶
花苞卷发

将头顶发束绑成高耸的马尾，再扭转成一个小的花苞头，既可以防止发丝凌乱，又显得楚楚动人。

卷发筒

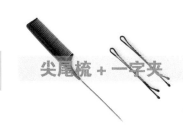
尖尾梳 + 一字夹

电卷棒

10 分钟以内的简单定型

将头发分为七个发区，分别用卷发筒制卷。

造型图解

1 取出上半部分头发，并用橡皮筋扎成一个马尾的样子。扎的时候记得把刘海留下。

  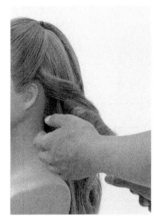

2 用电卷棒将梳好的刘海烫出卷度。

3 取后颈部的一束头发，从根部开始向反面卷。把反面卷过的头发与向内卷的头发相互交叉卷。

4 用手指将左侧的刘海打散。

5 将固定好的马尾发束用指尖打散。

6 将手腕旋转到向上的方向，扭转发束，右手边移动边拉出发束，同时观察整体节奏的平衡性。

7 拉出发束的操作进行到左手食指按住发束的位置附近为止，再将马尾缠绕成花苞头，然后用一字夹固定住发束。

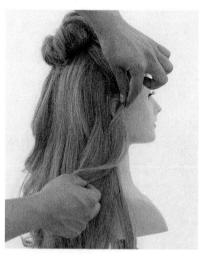

8 将另一边的发束按照步骤 3 卷出造型，并将其打散。

9 再用手指把头发梳理顺。

10 最后完成造型。

3.5

脑后卷发和额前盘发

扎高的发髻给人以活泼可爱的感觉。在侧边将头发拧成股，营造恰如其分的舒适自然、美丽大方的感觉。

扫一扫 看视频

卷发筒

| U 形夹 + 一字夹

| 橡皮筋

10 分钟以内的简单定型

在九成干的头发基础上做卷。上层卷做到发中高度，下层卷只做发尾弧度一圈。

1 将发束分别拿在左手和右手上。在发束中插入食指，将发束均等地分成两股。将手中的的两股发束交叉拧转。

2 继续重复之前的编发操作，一边向左顺时针扭转，一边向右交叉，直至发梢用橡皮筋扎起为止。

3 用左手手指捏住发梢部分，右手从发根位置依次向下进行拉发。

4 用手将发束根部摁住回转，最后用一字夹固定。

5 将剩余发束，从左侧分出一束预留。   6 将发束分成两股，交叉拧转。

7 一只手握住两股发束，并用食指和拇指捏住发束。用另一只手的拇指和食指加入新的发束。

8 一边拧发，一边拉发，重复上述步骤，编至前额处。

两股辫加发编法

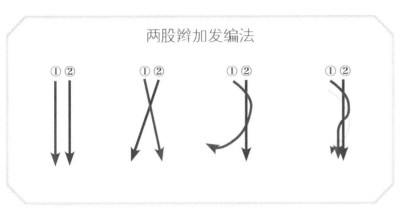

9 以两股辫编至发尾。

10 在发尾处系上皮筋，拧好后进行拉发。

11 将发尾向里面卷，用几个U形夹固定好，并将U形夹隐藏在头发里。

12 最后用U形夹将整束两股辫固定在头上，完成编发。

3.6

额前编发和侧边花苞盘发

侧边的花苞头甜美又显气质。与其他的花苞头不一样的是，它更加有个性和特色，更能彰显出甜美迷人的气质。

大尖嘴夹

U 形夹

橡皮筋

造型图解

1 将头发分成三段。取右侧发区的头发，均匀地分成四股。

四股辫编法

2 将黄色发束压在绿色发束上面，红色发束压在蓝色和黄色发束上面，绿色发束压在红色发束上面，蓝色发束压在绿色和黄色发束上面，形成四股辫。

3 重复之前的编法，直至发梢用橡皮筋扎起。

4 将脑后的发束也分成四股，编成四股辫，发梢用橡皮筋固定。

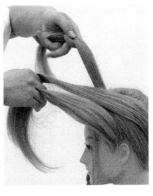

5 将另一侧的发束分出三束，开始编三股辫加辫。

6 编出大概五段后，开始编三股辫，一直编至发尾。

7 将三束编好的三股辫的发区编发向两侧拉松。

8 将头上中间的发束盘上，边盘发边用U形夹固定。再将前额处的三股辫继续沿着之前的三股辫盘上，再用U形夹固定。

9 脑后马尾用手指进行扯发。

10 最后依照相同的方法，将最后的一束三股辫盘上，同样用 U 形夹固定好。将发束固定好后进行整理，将 U 形夹隐藏在头发里。

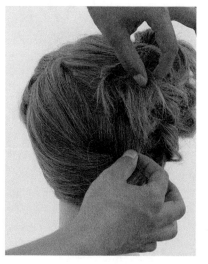

11 将脑后马尾逆时针缠绕在已固定好的发束的发根上，发梢在脑后用 U 形夹固定。最后整理造型。

3.7

头顶发髻和额前弧线刘海

扫一扫 看视频

对发束施行扭转、螺旋等手法，让发型展现出柔和、自然的感觉。

大、小尖嘴夹 +U 形夹

橡皮筋

尖尾梳 + 刷亮刷

10 分钟以内的简单定型

取的发量以一个发卷的直径为大致目标，注意发梢不要弯折。

拆掉全部发卷后的状态。

造型图解

1 将头发三七左右分开。在前额区左侧梳理出刘海,用夹子固定在右侧。

2 用刷亮刷将剩余的头发梳理整齐,将发束抬到较高的位置来梳理。用左手握住发束的发根,将发束固定在头顶的黄金点上,右手拿橡皮筋扎住。

3 头顶的一股辫形成后的状态。

4 脑后的头发用尖尾梳略拨松,让整体造型看起来更圆润。

5 取左侧发区的刘海,用尖尾梳进一步对发束进行梳理。将发梢做成圆环状,用大、小尖嘴夹暂时固定。

6 左手取在后脑区集中的一股辫，使发束保持在正上方竖直的状态，顺时针扭转两周左右。将发束提起并拉出螺旋卷后，右手捏住发根附近。

7 将发束向右侧发区放平，同时换右手固定发束，左手捏住发根。

8 以橡皮筋位置为中心逆时针缠绕发束，将发束攀缠到后脑区为止。

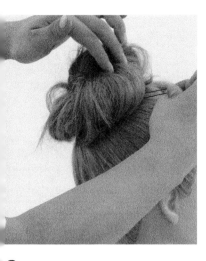  

9 左手用 U 形夹将缠绕好的发束固定在发根橡皮筋位置。

 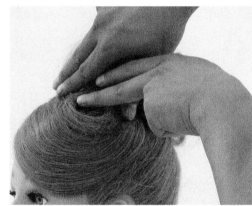

10 最后，确认从正面看到的整体平衡。

3.8

侧边高发髻和
刘海下垂

侧分盘发盘旋出柔美温婉的弧线，留出的弧形
刘海更显清新优雅。

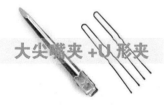 大尖嘴夹 +U 形夹 |  橡皮筋 |  刷壳刷

造型图解

1 以耳朵前上方和头顶黄金点的连线为界将头发前后分开。左手握住头顶的一束头发，用橡皮筋固定。

2 将后脑区余下的头发集中在一起，用尖尾梳从发梢的上边插入，向左侧梳理发束。

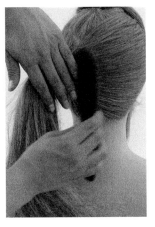

3 用左手握住发束的发根，用橡皮筋将后脑区的发束扎成一股辫。

4 用大尖嘴夹固定住刘海发束的根部。

5 将刘海分成上下两份，取下面的发束，用手指将刘海打散，用尖嘴夹固定住头发，使其保持住形状、不走样。

6 取头顶处的一股辫，用左手握住，旋转手腕，左手握住发束不动，用右手拇指和食指指尖从发束靠近根部的位置开始将发束一点一点地拉出来。

7 继续向发梢方向微微移动手指，同时拉出发束。旋转后的发束覆盖在头顶区上，然后用U形夹固定住发束。

8 取脑后的马尾，进行拧转。

9 继续旋转手腕，同时用食指用力地按住发束，在右手的帮助下持续旋转发束，直至上图所示位置。手指向发梢位置移动，边移动边拉出发束，同时观察整体节奏的平衡性。

10 旋转后的发束与上面的旋转发束衔接。拉出发束的操作进行到左手食指按住发束的位置附近为止，然后用U形夹固定住发束。

11 将刘海处的大尖嘴夹撤除，用手指整理刘海。

12 最后整理造型细节。

3.9

中分
卷发高马尾

卷发高马尾是一款清爽、有个性的造型，使刘海的小卷显露出来，颇有气质。

卷发筒

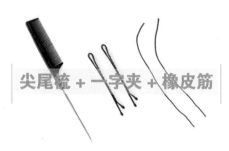

尖尾梳 + 一字夹 + 橡皮筋

电卷棒

10 分钟以内的简单定型

首先抓出头顶一束头发，将其竖直地往上拉。其次用卷发筒把头顶抓出的发束从发根位置到发尾梳理平顺，再从发尾往前向内卷。用左手把发尾处的头发顺着卷发筒的表面压住，最后再朝着发根的方向向内卷进。利用吹风机的温风沿着卷发筒的表面不停地吹，等到它散热变冷后，将头发放下来。

1 以耳朵前上方和头顶黄金点的连线为界将头发前后分开。其他的发丝用手指向上梳。

2 用橡皮筋将后脑区的发束整体扎成一股辫。将发束分两半，向两侧撕拉一下，这样可以使发根更加固定。

3 取左侧发区的发束，用尖尾梳将发束向后上方笔直地提拉并进行梳理。将尖尾梳梳齿紧贴左侧发区鬓角发际线位置，开始向后梳理。

4 将发束覆盖在一股辫上，用橡皮筋捆扎。

5 用手轻轻将发丝抽松散些，打造蓬松感。

6 从马尾处开始，取出一束头发。在根部位置，围绕着马尾的扎点旋转，将发束扎点处卷裹在内，一直卷到这束头发的发梢。卷发结束后，用波浪夹固定。

7 将脑后马尾垂直上提，用尖尾梳进行倒梳。

8 用同样的方法从后往前梳，继续把显眼的打结部分梳顺。

9 将倒梳过的发束用手轻轻向上推，垂直插入一字夹，使发束蓬松。

10 其他的发丝用手指向上梳，将一字夹插入马尾中心，使马尾高挺。

11 将刘海发束向外缠绕在卷发棒上，并用手拉住发尾，进行烫卷。

12 最后调整造型。

3.10
整洁
高回旋发髻

这种精致的盘发所扎出的造型，发髻表面圆滑，发型整体给人温婉优雅之感。

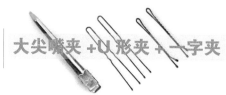
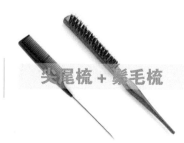

卷发筒 | 大尖嘴夹 +U 形夹 + 一字夹 | 头尾梳 + 鬃毛梳

10 分钟以内的简单定型

所有头发如上图所示，大概分为四个部分。方法是，首先把后面的头发分为两个部分，其次把它们各分成两个部分，最后用卷发夹子把发束从发尾往前向内卷。

造型图解

1 取头顶的发束，用尖尾梳进行梳理，拧转后用大尖嘴夹固定。

2 将剩余的头发用尖尾梳向脑后梳理，梳理至握发束的左手位置并用橡皮筋固定。

3 将发束以顺时针方向扭转。旋转手腕的同时，用食指用力地按住发束。

4 在手指按住的地方插入U形夹固定，再取一根U形夹，置于发束的右侧面。

5 将夹子插入螺旋发束的左侧内部。向内推入夹子，直到从外面看不到夹子的痕迹为止。

6 用尖尾梳梳理前额区和右侧发区。将发束整体向后脑区梳理，用大尖嘴夹固定住头发，使其保持住形状、不走样。

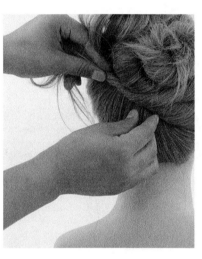

7 用左手捏住发束，旋转手腕，从上向下扭。

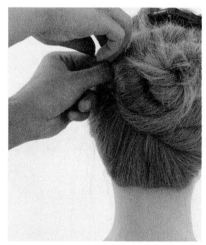

8 一边扭转发束，一边沿着一股辫的发根缠绕至头顶正面，用U形夹固定。

9 取头顶发束进行梳理。

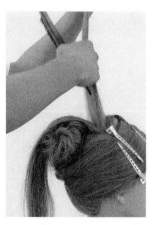

10 用梳尾取一束头发。用梳子对发束进行逆向梳理。向前取发片，将发根部分逆向梳理出倒立的毛发，然后放下来。

11 将头顶区头发轻轻放下，连结根部的头发蓬松，梳理发束表面发丝。

12 用鬃毛梳将头发梳理整齐，覆盖下方头发。

13 将头发向上拉起，翻转手腕，将发束拧住。

14 在拧着的部分插入波浪夹。将卡子往里插，深度接近头皮。

第4章
复杂造型

侧边
松弛感卷发

柔软卷曲的长发柔美温婉，很好地表现了女性温婉知性的气质。

尖尾梳 + 鸭嘴夹

一字夹 + 橡皮筋

电卷棒

造型图解

1 先将头顶发束拧转，用夹子固定。

2 在右侧发区取一束发束，插入食指和中指，将发束均等地分成三股，开始做三股双侧加辫。

3 左手掌握三股发束，右手在右侧挑起新的发束。重复操作三股双边添束辫，直至没有发辫添加时，用橡皮筋固定在左侧脑后。

4 将头顶发束进行梳理，取三股发束，做三股加辫，编加束三股辫，直至头顶的头发都添加进去为止。

5 一只手固定住发辫，另一只手对发辫进行拉发操作。越靠近发梢，拉发的时候越要小心。拉发完成后，用橡皮圈固定。

6 把两束编好的发辫左右手各持一束,进行交叉固定。　　7 用电卷棒对马尾发束进行烫卷。

8 随后用尖尾梳从发尾开始逆梳打毛。

9 将发束提起到正上方并松缓地扭转,另一只手对发辫进行拉发操作。

10 将扭转发束向左侧发区放平,用U形夹固定住。

 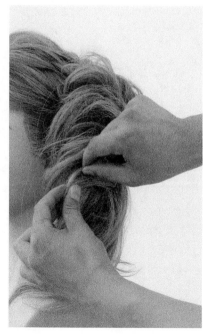 

11 最后，对头发进行拉松操作，使头发整体呈现蓬松的效果，完成造型。

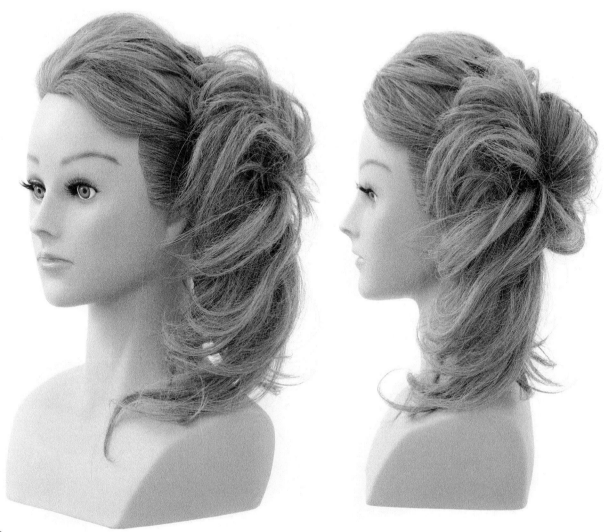

4.2

侧边
花苞卷发

露脸的斜刘海更显清爽与精神。单侧的花苞卷发,很是可爱、清纯动人。

发卷

尖尾梳 + 刷亮刷

大尖嘴夹 + U 形夹

10 分钟以内的简单定型

在拉出的发束中间贴上卷发筒,拉到发梢为止。

卷完后整体的状态。

造型图解

1 首先用梳子将头发梳理柔顺。留出前额处的头发，抓取其他的发束并用橡皮筋固定在偏左侧。

2 将前额处的头发向脑后梳理，围绕着马尾的扎点旋转，将发束扎点处卷裹在内。一直卷到这束头发的发梢。卷发结束后，用波浪夹固定，刘海用大尖嘴夹固定。

 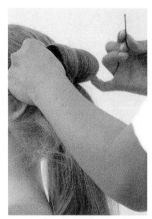  

3 用手指取出一束头发进行梳理，向上翻卷一圈后，用一字夹固定。

4 对余下未固定的发束进行拧转。

142

5 拧转后，缠绕翻卷的发卷，用一字夹固定，用大尖嘴夹固定发梢。

6 取第二股发束，重复4、5步的操作。

7 第三个发卷用波浪夹连接固定，预留下剩余发束。

8 取第四个发束，将头发做成竖着的卷。

9 将预留下的发束梳理后，用电卷棒烫卷。

4.3

双侧
拧发卷发

利用卷发拧出来的造型与偏分刘海，更显清新甜美，整体发型蓬松自然。

扫一扫 看视频

卷发筒

尖尾梳 + 叉齿梳

大尖嘴夹 + 双叉夹 + 一字夹

---

10 分钟以内的简单定型

将头发分区，分别把发区处的头发顺着卷发筒的表面压住，然后朝着发根的方向向内卷进。

拆掉全部卷发筒后的状态。

造型图解

 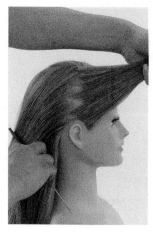  

1 用尖尾梳尾部将头发以约二八的比例随意分开。再取右侧发区的头发进行梳理。

2 将发束整体向后脑区梳理，将发束向头顶发区一边提拉一边扭。

3 继续一边扭转发束一边沿着头顶提拉，直至左侧刘海鬓角处，用大尖嘴夹固定。

4 在手指按住的地方插入U形夹固定，向内推入夹子，直到从外面看不到夹子的痕迹为止。

5 在右侧发区紧邻处另取一股发束，进行同样的操作。

146

6 在头顶处用一字夹固定。将余下的头发在头顶以食指为中心绕出一个圆圈。

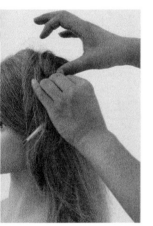   

7 绕出一个圆圈后，用U形夹固定好造型。

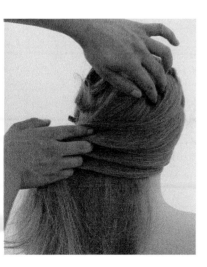 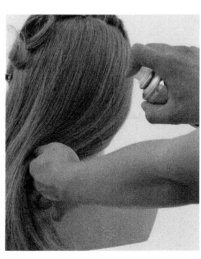 

8 将头发拨向左前方，喷上少许定型喷雾，用手制卷。

9 用叉齿梳一边整理头发流向，一边辅助做发卷。

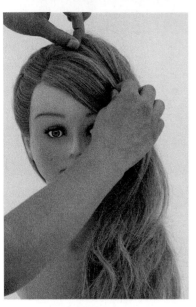

10 最后，去掉刘海处的大尖嘴夹，并用手轻拉刘海发丝，打造发量感。

双侧
空气感卷发

侧分长发别进耳后，再将下摆内扣，形成一个凹形，婉转的圆弧和下摆柔软的长发遥相呼应，更显温婉知性。

刷亮刷 + 鸭嘴夹

一字夹 + 橡皮筋

电卷棒

- -

造型图解

- -

1 取额前刘海进行拧转，用夹子固定；取左右侧发区的一股发束，用刷亮刷梳理整齐。

2 将发束绕至脑后，合拢在一起，并用橡皮圈扎好。

3 用左手食指和中指自下而上插入橡皮圈内侧的两束头发之间，右手将扎起的发辫向上提起并翻转，用左手捏住发辫向下拉，直至发辫全部穿过两束头发之间的空隙，完成拉发的操作。将发辫分为左右两部分，两手各抓住一部分，向左右两侧轻轻拉伸，使发辫保持紧绷、不松散。

4 手指向发梢位置移动，边移动边抓起细的发束，往上拉出。

5 在余下发束的中间部分再扎上橡皮筋，而后再次进行拉发和整理发辫的操作。

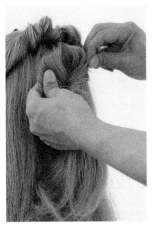

6 将发束拉出螺旋卷的效果，并用一字夹进行固定。

7 用一只手固定住发梢，另一只手对发辫进行拉松操作。

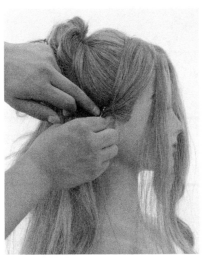

8 将额前刘海分为左右两股，再将左侧发区的发束分为两份，其中一份用一字夹固定在耳后。

9 用电卷棒对发束进行卷烫，再将刘海分别固定在耳后，完成造型。

4.5

刘海
脑后侧编发

脑后侧编发让头部的曲线看起来很圆润和饱满，是一款简约大气的发型。

卷发器 | 橡皮筋 | 大尖嘴夹 + 一字夹

10 分钟以内的简单定型

卷发时先从头顶区、侧发区、后脑区依次用卷发筒进行制卷。刘海儿卷出缓和的卷比较好看，所以放在最后卷。

造型图解

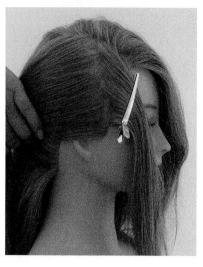  

1 将头发前后分开,用夹子把右侧前额处的头发夹起来。取左侧头顶的头发,把头发分成三股,开始进行编发处理。

2 编织的时候,采用蜈蚣辫的编法。在编发的过程中要加入新的发束,让辫子呈微微倾斜的走向,一直紧贴着头皮编织。加发至耳侧,改编三股辫,用橡皮筋固定发梢。

3 用右手固定住发辫,左手的食指和拇指从三股辫靠近左手的一侧开始,从底部向顶部逐渐捏拉出细小的发丝,使发辫略微松散。

4 梳理右侧发区的头发，在发束上插入食指和中指，将发束均等地分成三股，从头顶和耳侧取新的发束进行加发。

5 编的过程中将头发不断加入到发辫中，沿后脑的头部轮廓进行编制。

6 重复编发操作，直至三股双边添束辫完成状态。

7 直到没有发束可加，开始编普通三股辫。编到发尾，用皮筋固定。

155

8 把右侧前额固定的发束进行梳理后，将发束均匀等地分成三股，开始编三股辫。

9 重复之前的编法，直至编到发梢，用橡皮筋扎起。

10 将编好的发辫从前额处绕过，与做成了三股辫的左侧发束向左侧发区提拉。

11 拉至左耳上方，将余下的发辫向内折回，用一字夹固定住。

12 用手指对剩余的散发进行拉松，制造蓬松的起伏。

13 最后调整造型。

4.6

三股辫和四股辫丸子型编发

扫一扫 看视频

细密的卷发勾勒出别致的时尚感，蓬松的卷发造型显得简单时尚。

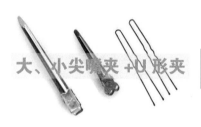

大、小尖嘴夹 +U 形夹

橡皮筋

尖尾梳 + 刷亮刷

10 分钟以内的简单定型

将头发分成四个区，每个区分为一到两组固定，先卷前面的头发。

造型图解

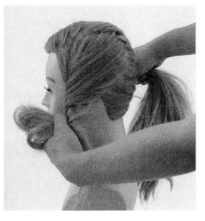

1 先将头发整理并分区，左二右八，用皮筋把左耳上侧发束扎成马尾。

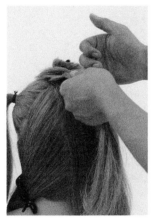

2 用尖尾梳将杂乱的头发梳理整齐，用尖嘴夹固定好前额刘海发束。

3 取头顶的一束头发，均匀地分成三股，开始做三股辫。

4 然后将右侧发区的发束分束加入三股辫中进行加发，直到发尾。

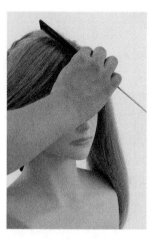

5 用尖尾梳梳理刘海发束，将大尖嘴夹固定在右耳侧，再将发束分成三股，开始做三股辫。

6 继续编三股辫，编到发梢时，用橡皮筋固定住。

7 梳理左侧扎好的马尾，把头发均匀地分成四股，依照图中所示编四股辫。

8 继续编制四股辫，直至发尾。

9 左手拉住发梢，右手由上至下对发辫进行拉松操作。

10 右手固定发束，左手捏住发根。以橡皮筋位置为中心，逆时针缠绕发束。

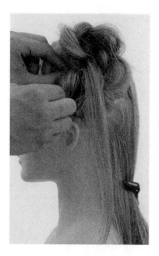   

11 将发束攀缠到后脑区为止。用左手按住缠绕至后脑区的发束，右手用U形夹将缠绕发束固定在发根橡皮筋位置。左手拿起发束缠绕后余下的发尾部分，卷成发卷后，用一字夹固定在发束上。

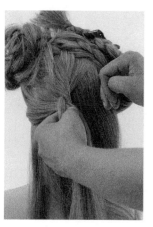   

12 从脑后发束中取靠上的三股发束，进行三股双侧加辫，让辫子呈倾斜的走向。一直紧贴着头皮编制，直到没有新的加发为止。

13 取下头顶固定的发辫，用左手捏住发梢，右手一点一点拉出细小的发束。

14 将拉好的发束折上去，并用一字夹固定好。再用手打散发束，整理出最后的造型。

4.7

双马尾
多层卷发

将唯美的卷发扎成俏皮又减龄的双边马尾辫，再将马尾
根部进行扭转，恰到好处地衬托出清新灵动的气质。

大尖嘴夹 +U 形夹 + 一字夹

刷毛刷 + 叉齿梳

10 分钟以内的简单定型

将侧发区的头发分为前后两个部分，用卷发筒把后面的头发夹住，再开始卷前面的头发，从发尾往前
向内卷。

造型图解

 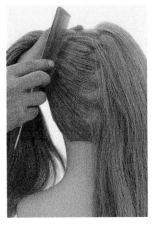 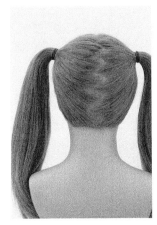 

1 用尖尾梳梳理头发，按图中所示操作，扎出基础发型，左右双马尾。

2 拉出左边的马尾，用手指旋拧1周，将拧好的发束用波浪夹固定。

3 对右边的马尾同样进行旋拧固定。

4 将固定好的发束用指尖打散，并用刷亮刷梳理。

5 左手捏住发梢，右手用叉齿梳把发丝打卷。右侧马尾重复操作，最后整理造型。

4.8

额前造型和花苞型卷发

将卷发盘成一个高高的花苞造型，卷发的线条在头顶聚拢，额前花苞的妩媚造型显得更加突出，好看又别致。

卷发夹

大尖嘴夹＋U 形夹

橡皮筋＋尖尾梳

10 分钟以内的简单定型

使用大号的卷发夹把头发分区卷好，利用吹风机的温风沿着卷发筒的表面不停地吹，打造出蓬松感。

造型图解

1 用尖尾梳拨出前额头顶处的刘海发束，向右梳顺。

2 将发束向内拧转，用U形夹固定。食指指尖按住发束，将发束卷成筒状。

3 用尖嘴夹将卷好的发束固定。

4 用尖尾梳将剩余的发丝扎起马尾，将马尾分为大小两束，将大的那束垂直上提。

 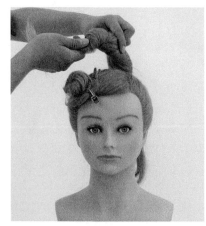 

5 将发束旋拧，然后转成一个圈，形成一个丸子头。

6 一边拧转，一边用尖尾梳尾部将散落的发丝进行整理。最后用手指按住想要固定的部分，用U形夹固定发梢。

7 从上边竖直插入U形夹，将其按进发束内，直到看不见为止。

8 最后整理造型。

4.9

高丸子发髻

高高地扎在头顶的慵懒丸子头，充满青春活力，整体造型清新干爽。

尖尾梳 + 鬃毛梳 + 刮亮刷

U 形夹 + 橡皮筋

卷发筒

- -

造型图解

- -

1 先用梳子将杂乱的头发梳理整齐，再在头顶处取一束头发，用橡皮筋固定。将所有发丝垂直向上，预留出刘海发束。

2 将剩余发束用鬃毛梳梳理好后，用橡皮筋在脑后固定。

3 把刘海发束向脑后梳理，用橡皮筋与马尾合并固定。用手指将刘海发束进行拉松，增加发型的蓬松感。

4 首先用刷亮刷梳理发束表面，其次换尖尾梳对发束进行逆向梳理，最后用刷亮刷将马尾表面梳理光滑。

5 用卷发筒对马尾发梢部位做卷。

6 取第一个发束做发卷，发梢用波浪夹固定。

7 将最后一束头发卷成卷，用U形夹固定。最后用尖尾梳将发梢整理好，隐藏在发卷里。

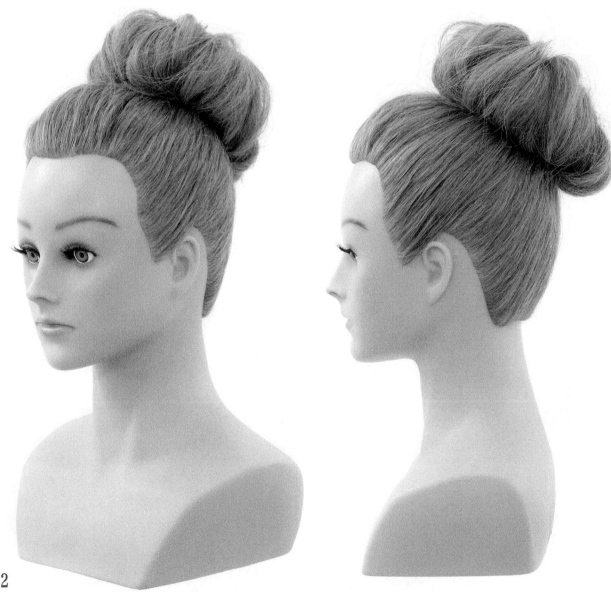

整体造型显得干净利落，给人以典雅俏丽的印象。

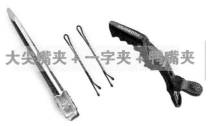

尖尾梳 + 刷子刷 + 橡皮筋 ┃ 大尖嘴夹 + 一字夹 + 鸭嘴夹 ┃ 卷发筒

- -

造型图解

- -

1 用梳子将头顶发束梳顺，拧转后用夹子固定在头顶。

2 将剩余的发丝在三分之一长度处用橡皮筋固定。

3 将发束向左旋拧起来，拧起来的部分用一字夹固定。

4 在发束的右侧及上下都用一字夹进行固定。

5 再将剩余发束以固定点为中心进行旋拧，用一字夹插入发梢内侧。继续推进一字夹，直到底部。

6 用尖尾梳对刘海发束进行细致梳理，再换刷亮刷将刘海表面整理光滑。

7 将刘海发束向脑后梳理，发梢固定在脑后的发髻处，刘海中间用一字夹进行内部固定，隐藏发夹痕迹。

 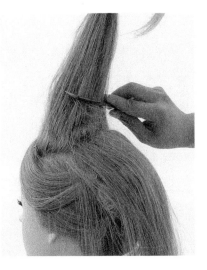 

8 取头顶发束，用尖尾梳分片从发梢向发根逆向梳理，形成倒立的毛发。

  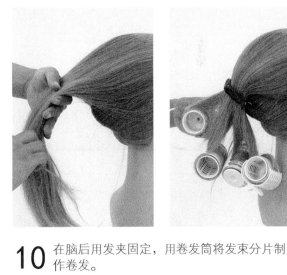 

9 然后用梳子将头发打散，将表面整理好。

10 在脑后用发夹固定，用卷发筒将发束分片制作卷发。

11 接着将发束进行旋拧，缠绕在脑后的发髻上。

 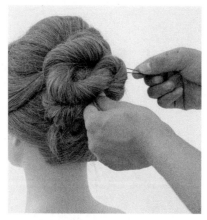 

12 将U形夹在正侧面放平。保持U形夹放平的状态，将其插入内侧，并推进到底部。最后再用大尖嘴夹固定发梢

13 一边喷定型喷雾，一边整理发型。

14 将尖嘴夹撤除，替换成U形夹固定。